BEI GRIN MACHT SICH IHR WISSEN BEZAHLT

- Wir veröffentlichen Ihre Hausarbeit,
  Bachelor- und Masterarbeit

- Ihr eigenes eBook und Buch -
  weltweit in allen wichtigen Shops

- Verdienen Sie an jedem Verkauf

Jetzt bei www.GRIN.com hochladen
und kostenlos publizieren

Bibliografische Information der Deutschen Nationalbibliothek:

Die Deutsche Bibliothek verzeichnet diese Publikation in der Deutschen National-
bibliografie; detaillierte bibliografische Daten sind im Internet über http://dnb.d-
nb.de/ abrufbar.

Impressum:

Copyright © 2016 GRIN Verlag
Druck und Bindung: Books on Demand GmbH, Norderstedt Germany
ISBN: 9783668833562

Dieses Buch bei GRIN:

https://www.grin.com/document/448526

Max Osswald

Aus der Reihe: e-fellows.net stipendiaten-wissen

e-fellows.net (Hrsg.)

Band 2909

Die Anwendung von Matrizen bei der Netzwerkanalyse

GRIN Verlag

Bohnstedt-Gymnasium Luckau

Schuljahr 2016/17

Seminarkurs: Matrizen

Die Anwendung von Matrizen bei der Netzwerkanalyse

Vorgelegt von:

Max Osswald

Inhaltsverzeichnis

0. Vorwort

Meine Seminararbeit schreibe ich in dem Seminarkurs Matrizen in dem Leitfach Mathematik. Ein Thema für diese Arbeit zu finden viel mir anfangs sehr schwer, da ich vorher so gut wie nichts über Matrizen wusste und erst einige Grundlagen geklärt werden mussten. Obwohl der Name Matrix bzw. Matrizen anfangs sich ziemlich kompliziert anhörte, hat man schnell bemerkt, dass Matrizen gar nicht so schwer zu verstehen sind wie sie zunähst erscheinen.

Ich habe mich für dieses Rahmenthema entschieden, da ich eher technisch interessiert bin und ich nicht nur die theoretische Seite eines Themas kennen lernen will, sondern auch wie es in der Praxis angewandt wird. Außerdem interessiere ich mich sehr für die Naturwissenschaften Mathematik und Physik. Matrizen als Thema für eine Seminararbeit fand ich daher sehr interessant. Unter anderem auch, weil man etwas Neues kennen lernt, wovon man überhaupt noch nichts wusste. Ich denke mit dieser Seminararbeit lerne ich sehr viel Neues kennen, nicht nur über Matrizen und ihre Anwendung, sondern auch wie man eine wissenschaftliche Arbeit anfertigt. Obwohl das Leitfach Mathematik ist, werde ich unter anderem lernen, wie man richtig zitiert, sich fachlich korrekt ausdrückt und gezielt nach einem Thema recherchiert. Mein Ziel ist es mit der Seminararbeit neue Erkenntnisse zu erlangen und eine wissenschaftliche Arbeit anzufertigen.

Meine Arbeit besteht aus zwei Teilen. Der erste Abschnitt beschäftigt sich mit dem Allgemeinerem und den Grundlagen zum Thema Matrizen und der zweite Teil mit der Netzwerkanalyse, welches ein Experiment beinhaltet.

1. Die Problemstellung

Am Anfang der Seminararbeit kam für mich die Frage auf „ Welche Anwendung finden Matrizen vorwiegend im technischen Bereich?“. Nach einigen Recherchen fand ich heraus, dass Matrizen vorwiegend bei linearen Gleichungssystemen und zum Beispiel in der Wirtschaft bei Marktanalyse und in der Elektrotechnik eine Rolle spielen. Da ich mich vor allem für technische Themen interessiere, habe ich beschlossen, mich mehr mit dem Thema: „Anwendung von Matrizen in der Elektrotechnik“ auseinander zu setzen.

Die Matrix wird in der Elektrotechnik unter anderem bei der Netzwerkanalyse verwendet. Ich werde mich bei meiner Seminararbeit zuerst mit einigen Grundlagen von Matrizen beschäftigen, damit diese vorab geklärt sind. Die Seminararbeit soll auch für die Leser verständlich sein, die sich bisher noch nicht mit dem Thema beschäftigt haben. Dazu werden dann einige Beispielrechnungen zu den verschiedenen Rechenoperationen berechnet und erklärt. Vor allem aber will ich versuchen zu erklären, wie Matrizen Anwendungen in der Elektrotechnik finden und wie sie dort bei der Netzwerkanalyse zum Einsatz kommen. Dabei stellt sich die Frage: „Was ist eigentlich ein Netzwerk und wie kann man es analysieren?“. Außerdem muss noch geklärt werden, wie Matrizen in den Berechnungen verwendet werden können. Dazu müssen vorab bestimmte Begriffe und Regeln zur Elektrotechnik erklärt werden. Dann will ich mithilfe eines Experimentes ein selbst erstelltes Netzwerk analysieren. Diesbezüglich werden verschiedene Versuchsaufbauten erstellt. Daran werden Messungen getätigt. Die gemessenen Werte werden dann noch mal mit Matrizenrechnungen berechnet. Außerdem wird noch untersucht, wie sich Veränderungen in einem Netzwerk auf die Stromstärke auswirken. Im Folgendem werde ich zunächst erklären, was man unter einer Matrix versteht.

2. Die Grundlagen der Matrix
2.1 Die Definition und Allgemeine Anwendung

Eine Matrix ist ein rechteckiges in runde Klammern gesetztes Zahlenschema, dass aus Zeilen und Spalten besteht.

Die Matrix „A" vom Typ (m*n) mit m-Zeilen und n-Spalten hat die Form:

$$A = \begin{pmatrix} a_{11} & \cdots & a_{1n} \\ \vdots & \ddots & \vdots \\ a_{m1} & \cdots & a_{mn} \end{pmatrix} = [\, a_{ik} \,]$$

Es gilt $m \in N$ und $n \in N$. a_{ik} bezeichnet die Komponente. ($i=1,...,m$; $k=1,...,n$)

Durch die Matrizenrechnung werden komplexe Gleichungssysteme strukturiert betrachtet. Des weiteren können sinnvolle Rechenoperationen verschiedenster Art angewandt werden. Dadurch komme eine bessere Übersichtlichkeit zustande und Gleichungssysteme werden effizienter und schneller gelöst.[1]

Einer Matrix findet damit vorwiegend beim Lösen von linearen Gleichungssysteme seine Anwendung. Es bildet sich ein großer und vielseitiger Bereich in dem Matrizen verwendet werden können. Vor allem in Wirtschaft und in der Physik und damit auch in der Mathematik findet es seine praktische Verwendung. In der Wirtschaft ermöglicht es vereinfachte Berechnungen von Firmendaten und spielt in der Marktanalyse ein wichtige Rolle. Der Gebrauch von Matrizen kann unter anderen auch in dem Bereich Grafikdesign vor kommen. Hier können sie bei der Koordinierung und Entstehung von Konstruktionen und Modellen verwendet werden. Somit können Matrizen auch in der Informatik eine Rolle spielen. Außerdem kann mit Hilfe einer Matrix ein Verschlüsselungscode angewandt werden, welcher eine geheime Kommunikation ermöglicht.

Im physikalischen Bereich findet es unter anderem in der Elektrotechnik Anwendung. Hier kann es bei der Netzwerkanalyse eingesetzt werden. Dieses Thema wird im folgendem noch ausführlicher erklärt und erläutert.

Da Matrizen eine Vielzahl an Anwendungsmöglichkeiten haben, unterscheidet man verschiedene Formen. Es gibt viele Varianten von Matrizen und die allgemeinste ist die von dem Typ „m*n", welche ich oben schon erwähnt habe. Im folgenden werde ich einige weiter Formen kurz erklären.

---

1 vgl. http://www.fvss.de/assets/media/jahresarbeiten/mathe/Matrizen.pdf   23.08.2016

2.2 Die Formen von Matrizen

Eine einfache Form der Matrix ist die Einheitsmatrix. Dabei haben die Elemente in der Hauptdiagonalen (von links oben nach rechts unten) den Wert 1 und die restlichen Elemente sind gleich 0. Diese Form von Matrizen wird unter anderem bei dem Lösen von Gleichungssystemen mit Matrizen angewandt. Die Einheitsmatrix ist vom Typ (m*n). Ein Beispiel wäre:

$$A=\begin{pmatrix} 1 & 0 & 0 \\ 0 & 1 & 0 \\ 0 & 0 & 1 \end{pmatrix}$$

Die quadratische Matrix hat den Typ (m*m). Diese Matrix hat somit genauso viele Zeilen wie Spalten. Ein Beispiel wäre:

$$A=\begin{pmatrix} 5 & 4 & 3 \\ 7 & 8 & 3 \\ 4 & 1 & 2 \end{pmatrix}$$

Bei eine Nullmatrix sind alle Elemente gleich Null. Es hat den Typ (m*n).
Eine Multiplikation mit dieser Form habe als Ergebnis wieder eine Nullmatrix.[1] Ein Beispiel wäre:

$$A=\begin{pmatrix} 0 & 0 & 0 \\ 0 & 0 & 0 \end{pmatrix}$$

Bei der Anwendung von Matrizen braucht man unter anderem auch mal die Determinante der Matrix. Da es keine explizite Form der Matrix ist, kann man es an dieser Stelle eigentlich nicht erwähnen, aber das Rechnen mit Determinanten brauche ich bei dem Berechnen von Gleichungssystemen und füge es bei dieser Passage doch mit hinzu. Die Determinante wird bei der quadratischen Matrix angewandt und ist eine Funktion, welche diese genau eine Zahl (Determinante) zuordnet. Man unterscheidet dabei die Determinante von eine (2*2), (3*3) und (m*m) Matrix. Ich werde aber nur auf die zweireihige und dreireihige Matrix eingehen, da ich nur diese für meine Arbeit benötige.

zweireihige Determinanten:

$$A=\begin{pmatrix} a_{11} & a_{12} \\ a_{21} & a_{22} \end{pmatrix}$$

$$\det(A)=a_{11}{}^*a_{22}-a_{21}{}^*a_{12}$$

dreireihige Determinanten:

$$A=\begin{pmatrix} a_{11} & a_{12} & a_{13} \\ a_{21} & a_{22} & a_{23} \\ a_{31} & a_{32} & a_{33} \end{pmatrix}$$

$$\det(A)=a_{11}{}^*a_{22}{}^*a_{33}+a_{12}{}^*a_{23}{}^*a_{31}+a_{13}{}^*a_{21}{}^*a_{32}-a_{31}{}^*a_{22}{}^*a_{13}-a_{32}{}^*a_{23}{}^*a_{11}-a_{33}{}^*a_{21}{}^*a_{12}$$

---

1   vgl. http://www.fvss.de/assets/media/jahresarbeiten/mathe/Matrizen.pdf   23.08.2016

Beispiel:

$$A = \begin{pmatrix} 4 & 5 \\ 2 & 7 \end{pmatrix}$$

det(A)=4*7-2*5

det(A)=28-18

<u>det(A)=18</u>

$$A = \begin{pmatrix} 5 & 2 & 3 \\ 4 & 6 & 9 \\ 8 & 1 & 7 \end{pmatrix}$$

det(A)=5*6*7+2*9*8+3*4*1-8*6*3-1*9*5-7*4*2

det(A)=210+144+12-144-45-56

<u>det(A)=121</u>

2.3 Die Rechenoperationen

2.3.1 Die Addition von Matrizen

Eine Addition von Matrizen scheint zu Beginn sehr schwierig, ist aber einfacher als man denkt. Es werden nur die gleichen Komponenten, wie zum Beispiel a_{12}, von beiden Matrizen addiert. Man rechnet also die jeweilige Komponente der i-Zeile und k-Spalte zusammen. Das Ergebnis wird dann in eine neue Matrix geschrieben. Die Voraussetzung dafür ist, dass die beiden Matrizen vom gleichen Typ sind.

Allgemein gilt:

$$\begin{bmatrix} a_{11} & a_{12} \\ a_{21} & a_{22} \end{bmatrix} + \begin{bmatrix} b_{11} & b_{12} \\ b_{21} & b_{22} \end{bmatrix} = \begin{bmatrix} a_{11}+b_{11} & a_{12}+b_{12} \\ a_{21}+b_{21} & a_{22}+b_{22} \end{bmatrix} \quad 1.$$

Beispiel:

$$A = \begin{pmatrix} 7 & 6 & 1 \\ 4 & 3 & 8 \\ 9 & 4 & 12 \end{pmatrix} \qquad B = \begin{pmatrix} 9 & 4 & 19 \\ 15 & 7 & 8 \\ 6 & 13 & 2 \end{pmatrix} \qquad A+B=C$$

$$\begin{pmatrix} 7 & 6 & 1 \\ 4 & 6 & 8 \\ 9 & 4 & 12 \end{pmatrix} + \begin{pmatrix} 9 & 4 & 19 \\ 15 & 7 & 8 \\ 6 & 13 & 2 \end{pmatrix} = \begin{pmatrix} 7+9 & 6+4 & 1+19 \\ 4+15 & 6+7 & 8+8 \\ 9+6 & 4+13 & 12+2 \end{pmatrix} = \begin{pmatrix} 6 & 10 & 20 \\ 19 & 13 & 16 \\ 15 & 17 & 14 \end{pmatrix}$$

$$\underline{C} = \begin{pmatrix} 6 & 10 & 20 \\ 19 & 13 & 16 \\ 15 & 17 & 14 \end{pmatrix}$$

2.3.2 Die Multiplikation von Matrizen

Ähnlich wie bei der Addition werden auch bei der Multiplikation von Matrizen die Komponenten jeweils miteinander verrechnet. Wie es der Name schon sagt wird diesmal aber multipliziert. Außerdem muss die Spaltenzahl von Matrix 'A' mit der Zeilenzahl von Matrix 'B' übereinstimmen. Somit hat 'A' den Typ (m***p**) und 'B' muss dann vom Typ (**p***n) sein. Es ergibt sich dann das Produkt 'C' mit dem Typ (m*n).

Allgemeine gilt: $\mathbf{AB=C=[c_{ik}]}$ **(i=1,...,m ; k=1,...,n) mit** $c_{ik} = \sum\limits_{s=1}^{p} a_{is} b_{sk} = a_{i1} b_{1k} + ... + a_{ip} b_{pk}$

Da diese Formel auf dem ersten Blick sehr kompliziert erscheint, werde ich die Multiplikation an zwei einfachen Beispielen verdeutlichen.

1.Beispiel:

$$A=\begin{pmatrix} 5 & 3 & 2 \\ 4 & 6 & 1 \end{pmatrix} \qquad B=\begin{pmatrix} 4 & 8 \\ 3 & 5 \end{pmatrix}$$

$c_{11}=a_{11}*b_{11}+a_{21}*b_{12}=5*4+4*8=52$

$c_{12}=a_{12}*b_{11}+a_{22}*b_{12}=3*4+6*8=60$

$c_{13}=2*4+1*8=16 \qquad c_{21}=5*3+4*5=35 \qquad c_{22}=3*3+6*5=39 \qquad c_{23}=2*3+1*5=11$

$$\underline{C}=\begin{pmatrix} 52 & 60 & 16 \\ 35 & 39 & 11 \end{pmatrix}$$

Diese Schreibweise vereinfacht der Mathematiker noch, indem er die Komponenten der beiden Matrizen in eine Tabelle schreibt.

2.Beispiel:

$$A=\begin{pmatrix} 4 & 6 \\ 8 & 3 \\ 7 & 1 \end{pmatrix} \qquad B=\begin{pmatrix} 2 & 9 \\ 3 & 5 \end{pmatrix} \qquad A*B=C=\begin{pmatrix} 26 & 66 \\ 25 & 87 \\ 17 & 68 \end{pmatrix}$$

		2	9
		3	5
4	6	26	66
8	3	25	87
7	1	17	68

Es gelten weiterhin wie bei der normalen Multiplikation das Assoziativgesetz und das Distributivgesetz.

2.3.3 Das Lösen von Gleichungssystemen mithilfe der Einheitsmatrix

Mithilfe der Einheitsmatrix können Gleichungssysteme mit mehreren Gleichungen und Variablen berechnet werden. Es ist ähnlich wie das Gaußverfahren. Mittels Matrizen werden am Ende die Arbeitsschritte, womit die einzelnen Unbekannten berechnet werden, eingespart. Wie man Gleichungssysteme mit Matrizen berechnen kann zeige ich in dem folgenden Beispiel.

Beispiel[1]: geg.:

$$2x + 2y - 3z = -7$$
$$-x - 2y - 2z = 3$$
$$4x + y - 2z = -1$$

Matrizengleichung:

$$\begin{pmatrix} 2 & 2 & -3 \\ -1 & -2 & -2 \\ 4 & 1 & -2 \end{pmatrix} * \begin{pmatrix} x \\ y \\ z \end{pmatrix} = \begin{pmatrix} -7 \\ 3 \\ -1 \end{pmatrix} \implies \begin{pmatrix} 1 & 0 & 0 \\ 0 & 1 & 0 \\ 0 & 0 & 1 \end{pmatrix} * \begin{pmatrix} x \\ y \\ z \end{pmatrix} = \begin{pmatrix} a \\ b \\ c \end{pmatrix}$$

---

1 Cornelsen (2015) Mathematik 2, Gymnasiale Oberstufe Brandenburg, Seite 19 Nummer 2c

$$\begin{pmatrix} 2 & 2 & -3 & | & -7 \\ -1 & -2 & -2 & | & 3 \\ 4 & 1 & -2 & | & -1 \end{pmatrix} \begin{matrix} |+ \\ |*2 \end{matrix} \; \begin{matrix} |*2 \\ |- \end{matrix} \qquad\qquad \begin{pmatrix} 58 & 0 & 0 & | & 58 \\ 0 & -58 & 0 & | & 174 \\ 0 & 0 & -29 & | & -29 \end{pmatrix} \begin{matrix} /58 \\ /(-58) \\ /(-29) \end{matrix}$$

$$\begin{pmatrix} 2 & 2 & -3 & | & -7 \\ 0 & -2 & -7 & | & -1 \\ 0 & 3 & -4 & | & -13 \end{pmatrix} \begin{matrix} |+ \\ |*3 \\ |+ \\ |*2 \end{matrix} \qquad\qquad \begin{pmatrix} 1 & 0 & 0 & | & 1 \\ 0 & 1 & 0 & | & -3 \\ 0 & 0 & 1 & | & 1 \end{pmatrix}$$

$$\begin{pmatrix} 2 & 0 & -10 & | & -8 \\ 0 & -2 & -7 & | & -1 \\ 0 & 0 & -29 & | & -29 \end{pmatrix} \begin{matrix} |*29 \\ |*29 \\ |- \\ |*7 \end{matrix} \begin{matrix} |*29 \\ |- \\ |*10 \end{matrix} \qquad\qquad \underline{x=1} \quad \underline{y=-3} \quad \underline{z=1}$$

2.3.4 Das Lösen von Gleichungssystemen mithilfe von Determinanten

Gleichungssysteme können mit unterschiedlichen Varianten gelöst werden. Ich habe schon die Möglichkeit mit der Einheitsmatrix vorgestellt und werde nun das Lösen von Gleichungssysteme mithilfe von Determinanten an einem Beispiel erläutern. Gegeben seien folgende Gleichungen:

Beispiel[2]: $2x + y - z = 6$ $5x - 5y + 2z = 6$ $3x + 2y - 3z = 0$

Nun werden diese in die Matrixschreibweise umgeformt und anschließend wird die Hauptdeterminante gebildet. Zur Hilfe können die ersten zwei Spalten hinten angehängt werden.

$$\begin{pmatrix} 2 & 1 & -1 \\ 5 & -5 & 2 \\ 3 & 2 & -2 \end{pmatrix} * \begin{pmatrix} x \\ y \\ z \end{pmatrix} = \begin{pmatrix} 6 \\ 6 \\ 0 \end{pmatrix} \implies \begin{pmatrix} 2 & 1 & -1 & | & 6 \\ 5 & -5 & 2 & | & 6 \\ 3 & 2 & -3 & | & 0 \end{pmatrix}$$

$$D = \begin{vmatrix} 2 & 1 & -1 & 2 & 1 \\ 5 & -5 & 2 & 5 & -5 \\ 3 & 2 & -3 & 3 & 2 \end{vmatrix}$$

$$D = 30 + 6 - 10 - 15 - 8 + 15 = 18$$

Im Anschluss werden die einzelnen Determinanten von 'x', 'y' und 'z' gebildet.

$$D_1 = \begin{vmatrix} 6 & 1 & -1 & 6 & 1 \\ 6 & -5 & 2 & 6 & -5 \\ 0 & 2 & -3 & 0 & 2 \end{vmatrix} \qquad D_2 = \begin{vmatrix} 2 & 6 & -1 & 2 & 6 \\ 5 & 6 & 2 & 5 & 6 \\ 3 & 0 & -3 & 3 & 0 \end{vmatrix} \qquad D_3 = \begin{vmatrix} 2 & 1 & 6 & 2 & 1 \\ 5 & -5 & 6 & 5 & -5 \\ 3 & 2 & 0 & 3 & 2 \end{vmatrix}$$

$$D_1 = 90 + 0 - 12 - 0 - 24 + 18 = 72 \qquad D_2 = -36 + 36 + 0 + 18 - 0 + 90 = 108 \qquad D_3 = 0 + 18 + 60 + 90 - 24 - 0 = 144$$

Zum Schluss bildet man den Quotient aus der jeweiligen Determinante von 'x', 'y', 'z' und der Hauptdeterminante. Dadurch erhält man die Ergebnisse von 'x', 'y' und 'z'.

$$x = D_1/D \qquad\qquad y = D_2/D \qquad\qquad z = D_3/D$$
$$x = 72/18 \qquad\qquad y = 108/18 \qquad\qquad z = 144/18$$
$$\underline{x=4} \qquad\qquad \underline{y=6} \qquad\qquad \underline{z=8}$$

---

2   Cornelsen (2015) Mathematik 2, Gymnasiale Oberstufe Brandenburg, Seite 19 Nummer 2d

3. Die Anwendung von Matrizen in der Elektrotechnik

3.1 Die Elektrotechnik

Definition:

Die Elektrotechnik gehöre zu den Ingenieurwissenschaften, welche sich mit der Forschung, der Entwicklung und der Produktionstechnik von Elektrogeräten auseinandersetze. Zu diesem Bereich zähle man die Umwandlung von Energieformen, die elektrischen Maschinen und Bauelemente sowie Schaltungen für die Steuer-, Mess-, Regelungs-, Nachrichten- und Rechnertechnik und gehe bis hin zur technischen Informatik.[1]

Unterteilung:

Die Elektrotechnik befasst sich mit einem sehr breit gefächerten Abschnitt der technischen Wissenschaften. Man kann sie in viele Bereiche und Spezifikationen unterteilen.

Zu der Elektrotechnik gehöre die Energietechnik und Antriebstechnik, welche man zur Starkstromtechnik zähle. Zu der Schwachstromtechnik betrachte man die Nachrichtentechnik. Mit zunehmendem Fortschritt sei noch die Elektronik, die Automatisierungstechnik, die elektronische Gerätetechnik, die Gebäudetechnik und die theoretische Elektrotechnik entstanden.[2]

Die theoretische Elektrotechnik befasse sich mit den physikalischen Grundlagen der Elektrotechnik. Große Bedeutung finde dort die Elektrizitätslehre. Außerdem befasse sie sich mit der Theorie von Schaltungen. Dabei werden verschiedene Methoden zur Analyse von Schaltungen angewandt.[3]

Elektrische Schaltung:

Eine elektrische Schaltung bestehe meist immer aus Spannungsquelle, Leiter und Verbraucher. Über die Leitung fließe ein elektrischer Strom von der Spannungsquelle zum Verbraucher. Der Verbraucher wandele die elektrische Energie in eine andere Energieform um. Dabei werde der elektrische Strom ein Widerstand entgegengesetzt.[4]

Der Widerstand wird definiert durch das ohmsche Gesetzt, welches die physikalischen Größen Spannung, Strom und Widerstand enthält. Die Formel dafür lautet: $\boxed{R=U/I}$

---

1   vgl. https://de.wikipedia.org/wiki/Elektrotechnik   31.08 2016
2   vgl. ebenda
3   vgl. ebenda
4   vgl. http://www.elektrotechnik-fachwissen.de/   31.08.2016

3.2 Die Voraussetzungen

Netzwerk

Als Netzwerke bezeichne man Schaltungen, die aus mehreren Spannungs- bzw. Stromquellen und Widerständen bestehen, welche mit Leitungen verbunden seien. Zur Berechnung einzelner Ströme und Spannungen könne man nicht mehr nur noch auf die Gesetze von Parallel- und Reihenschaltung zurückgreifen. Es werde zusätzlich mit Knoten und Maschen gerechnet.[1]

Knoten

Bei elektronischen Netzwerken gebe es mehrere Zweige. Dabei bilde ein Zweig den Leitungszug zwischen zwei Verbindungspunkten. An dieser Stelle verzweige sich der Strom. Als Knoten bezeichne man die Verbindungspunkte mehrerer Zweige.[2] Damit in Verbindung steht die Knotenpunktregel und somit auch der 1.kirchhoffsche Satz.

> **Knotenpunktregel:** Die Summe der zufließenden Ströme in einem Knotenpunkt sei gleich der Summe der wegfließenden Ströme. Die Summe aller Ströme in einem Knotenpunk sei damit gleich Null. Ströme, deren Zählpfeile auf den Knoten zeigen, seien positiv. Ströme, deren Zählpfeile vom Knoten wegzeigen, seien negativ einzuführen.[3]
>
> Allgemeine Formel: $\underline{0= I_1+I_2+I_3+...+I_n}$

Maschen

Maschen seien Spannungen, die sich von einem Knotenpunkt zum selben Knotenpunkt ergeben, ohne dabei von einem Zweig in der Schaltung gekreuzt zu werden. Als Schleife bezeichne man ein geschlossenen Umlauf in einem Netzwerk.[4] Zu den Maschen in einem elektrischen Schaltkreis wurde von Gustav Robert Kirchhoff der 2.kirchhoffsche Satz entwickelt, die Maschenregel.

> **Maschenregel:** Die Summe der positiven Spannungen in einer Masche sei gleich der Summe der negativen Spannungen. Eine Spannung sei positiv, wenn die Umlaufrichtung der Masche in der gleichen Richtung verlaufe, wie des jeweiligen Spannungszählpfeils. Eine Spannung sei negativ, wenn die Umlaufrichtung der Masche entgegen des jeweiligen Spannungszählpfeils verlaufe. Die Summe aller Spannungen in einer Masche sei damit gleich Null.[5]
>
> Allgemeine Formel: $\underline{0= U_1+U_2+U_3+...+U_n}$

---

1 vgl. http://www.elektrotechnik-fachwissen.de/   31.08.2016
2 vgl. https://www.eit.uni-kl.de/fileadmin/eit/Baier/teaching/glet1/script/Kap5e.pdf   31.08.2016
3 vgl. ebenda
4 vgl. ebenda
5 vgl. http://www.elektrotechnik-fachwissen.de/   31.08.2016

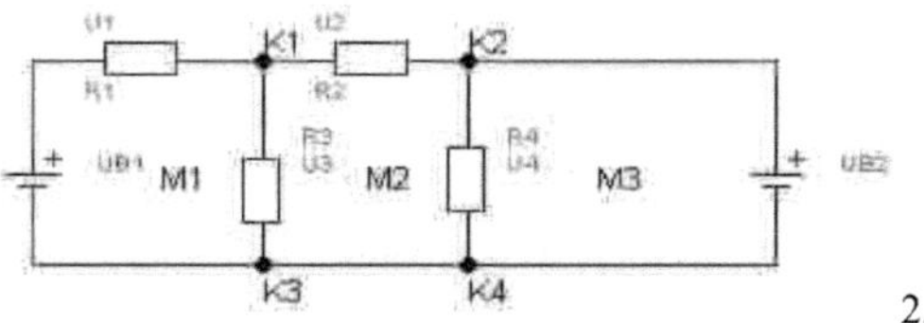

2.

Dieses Netzwerk besteht aus zwei Stromquellen(U_{B1}, U_{B2}), vier Widerständen(R_1, R_2, R_3, R_4) mit den jeweiligen Spannungen(U_1, U_2, U_3, U_4). Es hat außerdem noch vier Knotenpunkte(K_1, K_2, K_3, K_4) und dadurch bilden sich drei Maschen(M_1, M_2, M_3).

Zum Beispiel gilt bei K_1 folgende Knotenpunktregel: $0=I_1+I_2-I_3$

und bei M_1 gilt folgende Maschenregel: $0=-U_{B1}+U_1+U_3=-U_{B1}+R_1{*}I_1+R_2{*}I_2$

3.3 Die Durchführung einer Netzwerkanalyse

In der Elektrotechnik auftretende Netzwerke werden analysiert, damit aus vorgegebenen Größen und Schaltelementen die gesuchten Spannungen und Ströme berechnet werden können. Um dies zu berechnen, gebe es verschiedene Vorgehensweisen. Zu den Verfahrensweisen, die bei der Netzwerkanalyse eingesetzt werden können, zähle man die Zweigstromanalyse, das Überlagerungsverfahren nach Helmholtz, das Knotenpotentialverfahren und das Maschstrom- verfahren. Alle diese Vorgehensweisen seien sehr unterschiedlich in ihrer Anwendung. Das Knotenpotentialverfahren und Maschenstromverfahren werden hauptsächlich bei umfangreicheren und komplexeren Netzwerken verwendet, da beide einen verringerten Rechenaufwand bewirken. Also sei es egal mit welchem Verfahren man rechne, da man mit allen zur Lösung der Zielgrößen komme und sich lediglich nur der Aufwand unterscheide.[1]

Eine große Bedeutung in der Netzwerkanalyse und deren Verfahren seien die kirchhoffschen Regeln, welche von dem deutschen Physiker Gustav Robert Kirchhoff entwickelt wurden. Kirchhoff habe von 1824 bis 1887 gelebt und habe neben den Verzweigungsregeln für die Zusammenhänge zwischen auftretende Ströme und Spannungen in einem Stromkreis noch die Spektralanalyse und die kirchhoffschen Strahlungsgesetze entwickelt.[2]

Abb. 3.: [Abbildung für die Veröffentlichung entfernt]

---

1   vgl. https://de.wikipedia.org/wiki/Netzwerkanalyse_(Elektrotechnik)#.C3.Cberlagerungsverfahren_nach_Helmholtz
    02.09.2016
    vgl. http://www.ate.uni-due.de/data/get12/GET2_5_Netzwerkanalyse_HO.pdf   02.09.2016
2   vgl. https://www.lernhelfer.de/schuelerlexikon/physik/artikel/gustav-robert-kirchhoff   02.09.2016

Außerdem ist bei der Analyse von Netzwerken auch das ohmsche Gesetzt von Bedeutung. In ihm wird die Abhängigkeit von Strom und Spannung definiert und es entsteht eine Formel für das Bauelement der Widerstand.

Ein weiteres wichtiges Merkmal bei der Untersuchung von Netzwerken sei die Topologie des Netzwerks. Dadurch könne die Struktur und die Art der Verknüpfungen beschrieben werden. Bei der Analyse der Topologie des Netzwerkes werden die vorhandenen Schaltelemente nicht in Betracht bezogen. Eine zeichnerische Darstellung eines Netzwerkes werde als Netzwerkgraphen bezeichnet. In ihm seien die Linien als Zweige (Z) und Knoten (K) als Punkte dargestellt.[1]

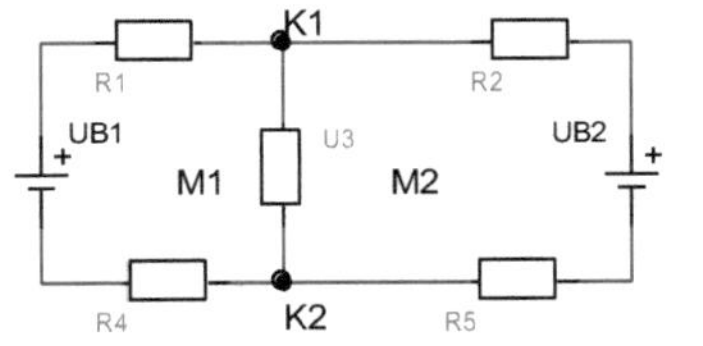

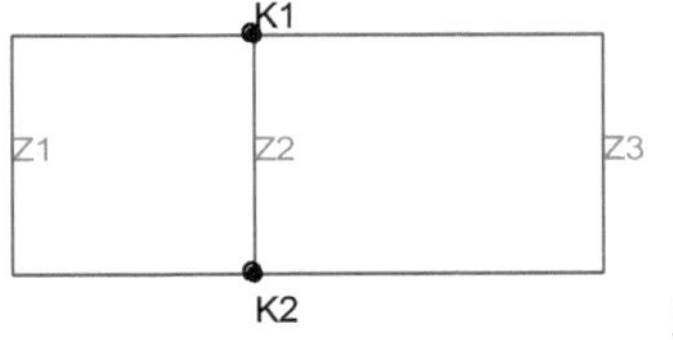

Netzwerk mit vorhandenen Schaltelemente   *Netzwerkgraph von dem Netzwerk*

In meinem Experiment und in meinen Beispielen werde ich die Zweigstromanalyse anwenden. Dieses Verfahren ist gut geeignet für die Netzwerkanalyse an kleineren Netzwerken und somit entsteht ein relativ geringer Rechenaufwand.

Bei der Zweigstromanalyse müsse am Anfang deutlich gemacht und eingetragen werden, welche Größen gegeben seien und welches die Zielgrößen seien. Als nächstes müssen die Strom- und Spannungszählpfeile gekennzeichnet werden, damit die positiven und negativen Vorzeichen festgelegt werden. Die Richtung der Pfeile könne selbst gewählt werden, aber man müsse diese bei den Rechnungen beibehalten und beachten. Nun wände man die kirchhoffschen Regeln an. Unter dessen Anwendung stelle man die unabhängigen Knotengleichungen und Maschengleichungen auf. Ein Netzwerk, welches k Knoten enthalte, könne maximal k-1 unabhängige Knotengleichungen besitzen. Um die Anzahl der Maschengleichungen zu erhalten, müsse die Anzahl von Knoten und Zweigen betrachtet werden. Wenn ein Netzwerk z Zweige habe und k Knoten, dann erhalte man eine z-(k-1)Anzahl von unabhängigen Maschengleichungen. Mit diesen Gleichungen können nun die Ströme des Netzwerkes berechnet und anschließend analysiert werden.[2]

1   vgl. http://www.ate.uni-due.de/data/get12/GET2_5_Netzwerkanalyse_HO.pdf   02.09.2016
2   vgl. https://www.youtube.com/watch?v=Me08mn3vVU0   13.08.2016
   vgl. https://www.youtube.com/watch?v=CE1tEhpPJd0   03.09.2016
   vgl. https://www.eit.uni-kl.de/fileadmin/eit/Baier/teaching/glet1/script/Kap5e.pdf   03.09.2016
   vgl. https://de.wikipedia.org/wiki/Netzwerkanalyse_(Elektrotechnik)#.C3.9   03.09.2016

3.4 Die Anwendung von Matrizen bei der Zweigstromanalyse

In den aufgestellten Gleichungen, welche sich durch die kirchhoffschen Regeln ergeben, werden nun die gegebenen Größen eingesetzt. Anschließend wird das Gleichungssystem in die Matrizenschreibweise umgeschrieben und man kann die Zielgrößen ermitteln. Bei der Berechnung kann man auf unterschiedlicher Weise vorgehen. Zum Beispiel kann das Gleichungssystem mithilfe der Einheitsmatrix oder unter Verwendung von Determinanten berechnet werden. Anhand eines ausgewählten Beispiels werde ich nun die Ströme in einem Netzwerk mittels Determinanten berechnen.

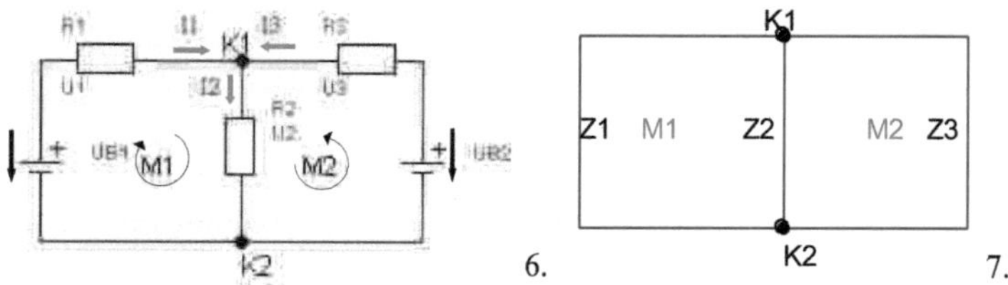

6.   7.

Gegeben: $U_{B1}=15V$ $R_1=100\Omega$ Gesucht: I_1, I_2, I_3
$U_{B2}=20V$ $R_2=100\Omega$
$R_3=200\Omega$

Das Netzwerk hat zwei Knoten, also ergibt sich eine unabhängige Knotengleichung [2-1=1].

$$K: I_1-I_2+I_3=0$$

Nun bilden man zwei Maschengleichungen, da es drei Zweige und zwei Knoten gibt [3-(2-1)=2]. Durch den Einbezug des ohmschen Gesetzt, können diese zwei Gleichung in Abhängigkeit von dem Widerstand und dem Strom umgeformt werden.

$$M1: U_{B1}=U_1+U_2=R_1*I_1+R_2*I_2 \qquad M2: U_{B2}=U_3+U_2=R_3*I_3+R_2*I_2$$

Als nächstes setzt man die Kenngrößen ein und schreibt die Gleichungen als Matrix.

$$\begin{pmatrix} 1 & -1 & 1 \\ R_1 & R_2 & 0 \\ 0 & R_2 & R_3 \end{pmatrix} * \begin{pmatrix} I_1 \\ I_2 \\ I_3 \end{pmatrix} = \begin{pmatrix} 0 \\ U_{B1} \\ U_{B2} \end{pmatrix} \implies \left(\begin{array}{ccc|c} 1 & -1 & 1 & 0 \\ 100 & 100 & 0 & 15 \\ 0 & 100 & 200 & 20 \end{array} \right)$$

$$D= \begin{array}{|ccc|cc} 1 & -1 & 1 & 1 & -1 \\ 100 & 100 & 0 & 100 & 100 \\ 0 & 100 & 200 & 0 & 100 \end{array}$$

$$D=20000+0+10000-0-0+20000=50000$$

Daraufhin werden die einzelnen Determinanten von I_1, I_2 und I_3 gebildet.

$$D_1=\begin{vmatrix} 0 & -1 & 1 \\ 15 & 100 & 0 \\ 20 & 100 & 200 \end{vmatrix} \begin{matrix} 0 & -1 \\ 15 & 100 \\ 20 & 100 \end{matrix} \qquad D_2=\begin{vmatrix} 1 & 0 & 1 \\ 100 & 15 & 0 \\ 0 & 20 & 200 \end{vmatrix} \begin{matrix} 1 & 0 \\ 100 & 15 \\ 0 & 20 \end{matrix} \qquad D_3=\begin{vmatrix} 1 & -1 & 0 \\ 100 & 100 & 15 \\ 0 & 100 & 20 \end{vmatrix} \begin{matrix} 1 & -1 \\ 100 & 100 \\ 100 & 100 \end{matrix}$$

$D_1=0+0+1500-2000-0+3000$ $\qquad$ $D_2=3000+0+2000-0-0-0$ $\qquad$ $D_3=2000+0+0-0-1500+20000$

$D_1=2500$ $\qquad\qquad\qquad\qquad$ $D_2=5000$ $\qquad\qquad\qquad\qquad$ $D_3=2500$

Zum Abschluss bildet man den Quotienten aus der jeweiligen Determinante von I_1, I_2, I_3 und der Hauptdeterminante. Dadurch erhält man die Ergebnisse für die Zielgrößen I_1, I_2 und I_3.

$I_1=D_1/D$ $\qquad\qquad\qquad$ $I_2=D_2/D$ $\qquad\qquad\qquad$ $I_3=D_3/D$

$I_1=2500/50000$ $\qquad\qquad$ $I_2=5000/50000$ $\qquad\qquad$ $I_3=2500/50000$

$\underline{I_1=0{,}05\ A=50\ mA}$ $\qquad$ $\underline{I_2=0{,}1\ A=100mA}$ $\qquad$ $\underline{I_3=0{,}05\ A=50mA}$

4. Das Experiment
4.1 Der Aufbau und die Durchführung

In einem Experiment werde ich nun eine Netzwerkanalyse durchführen. Dabei untersuche ich die Ströme und Spannungen an einem selbst erstelltem Netzwerk. Es werden insgesamt 5 Beispiele sein, bei denen ich die Veränderung von Strömen analysiere. Dabei wird die Spannung der Spannungsquellen, die Anzahl und die Werte der Widerstände und die Größe des Netzwerks variiert. Dazu werden Berechnungen getätigt unter Verwendung von Matrizenrechnung. Die Ergebnisse werden mit den Messwerten verglichen.

Allgemeiner Aufbau:

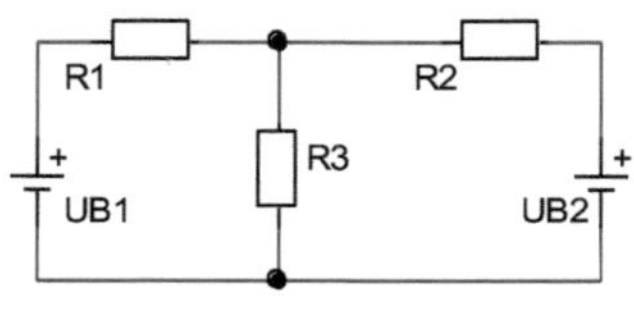

8.

Schaltelemente:

Das Netzwerk hat zwei Spannungsquellen (U_{B1}, U_{B2}) und drei Widerstände (R_1, R_2, R_3). Für den praktischen Aufbau werden außerdem noch Verbindungskabel und ein Messgerät für Spannung und Strom benötigt.

Praktische Durchführung:

In der Schule erfolgte der Aufbau der Netzwerke unter Verwendung der Schaltelemente. Danach wurden die Betriebsspannungen der Spannungsquellen gemessen mithilfe eines Strom- und Spannungsmessgeräts. Als nächstes mussten noch die Stromstärken an den Widerständen gemessen werden. Folglich wurde dann die Anzahl, die Stärke der Widerstände und die Betriebsspannungen entsprechend der gewählten Beispiele geändert. Im Anschluss wurden wieder die Stromstärken mittels des Messgerätes gemessen. Die Werte und der Versuchsaufbau wurden dokumentiert. Nun wird eine Netzwerkanalyse durchgeführt und die berechneten Werte mit den Messwerten verglichen.

4.2 Die Netzwerkanalyse mit Anwendung von Matrizen

Die Netzwerkanalyse bezieht sich anfangs erst auf den allgemeinen Aufbau. Bei den ersten vier Beispielen wird der Schaltplan nur geringfügig von der allgemeinen Form abweichen, lediglich die Position und Stärke der Widerstände wird variiert und die Betriebsspannungen wird verändert.

Das Netzwerk in der Grundform besteht aus zwei Spannungsquellen und drei Widerständen. Daraus ergeben sich zwei Knoten und zwei Maschen. Betrachtet man die Topologie des Netzwerkes, so ergeben sich drei Zweige. Diese verbinden die Knoten K_1 und K_2. Der Netzwerkgraph sieht wie folgt aus:

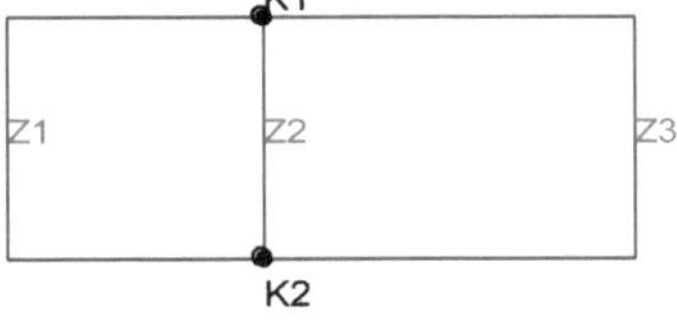

Die gesuchten Größen sind die Ströme an den Widerständen. Diese werden nun berechnet mit der Zweigstromanalyse. Als ersten wird die Richtung der Strom- und Spannungszählpfeile festgelegt, um die Vorzeichen zu bestimmen. Ich habe die Zählpfeile folgendermaßen festgelegt:

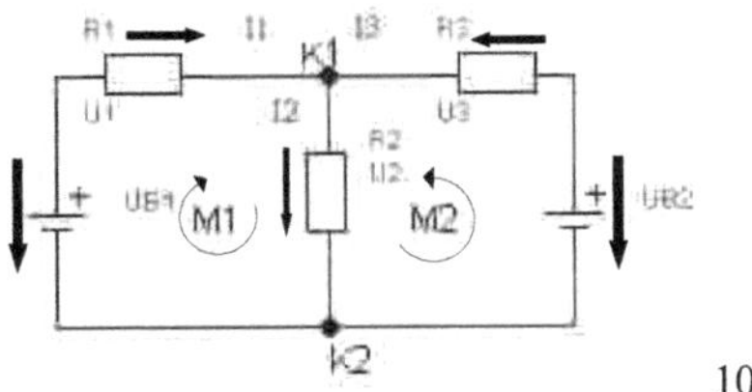

Dementsprechend ergeben sich daraus die unabhängigen Knotenpunktgleichungen und Maschengleichungen. Die Anzahl der Knoten minus eins ergibt eine unabhängige Gleichung für die Knoten. Durch die erste kirchhoffsche Regel bildet sich folgende Gleichung: K_1: $I_1+I_2-I_3=0$

Nun wendet man die zweite kirchhoffsche Regel an um die Maschengleichungen zu erhalten. Die Anzahl erreicht man, indem man die drei Zweige minus die die zwei Knoten minus eins rechnet. Somit ergeben sich zwei unabhängige Maschengleichungen. Diese lauten: M_1: $0=-U_{B1}+U_1+U_2$ und M_2: $0=-U_{B2}+U_3+U_2$. Die Spannung U kann noch durch das ohmsche Gesetz in R*I beschrieben werden.

Nun können die Stromstärken berechnet werden. Dazu habe ich das Lösen von Gleichungssystemen mithilfe von Determinanten und der Einheitsmatrix angewandt.

<u>1. Beispiel</u>

geg.: $R_1 = 51\ \Omega$ $\qquad\qquad$ $U_{B1} = 17{,}2\ V$ $\qquad\qquad\qquad$ **ges.:** I_1, I_2, I_3

$\qquad\qquad R_2 = 51\ \Omega$ $\qquad\qquad$ $U_{B2} = 17{,}2\ V$

$\qquad\qquad R_3 = 100\ \Omega$

Lsg.:

Knotenpunktgleichung: K_1: $I_1 + I_2 = I_3$; $I_1 + I_2 - I_3 = 0$

Maschengleichungen: M_1: $U_{B1} = U_1 + U_3$; $U_{B1} = R_1 * I_1 + R_3 * I_3$

$\qquad\qquad\qquad\qquad M_2$: $U_{B2} = U_2 + U_3$; $U_{B2} = R_2 * I_2 + R_3 * I_3$

$$\begin{pmatrix} 1 & 1 & -1 \\ R_1 & 0 & R_3 \\ 0 & R_2 & R_3 \end{pmatrix} * \begin{pmatrix} I_1 \\ I_2 \\ I_3 \end{pmatrix} = \begin{pmatrix} 0 \\ U_{B1} \\ U_{B2} \end{pmatrix}$$

$$\begin{pmatrix} 1 & 1 & -1 \\ 51 & 0 & 100 \\ 0 & 51 & 100 \end{pmatrix} * \begin{pmatrix} I_1 \\ I_2 \\ I_3 \end{pmatrix} = \begin{pmatrix} 0 \\ 17{,}2 \\ 17{,}2 \end{pmatrix}$$

$$\left(\begin{array}{ccc|c} 1 & 1 & -1 & 0 \\ 51 & 0 & 100 & 17{,}2 \\ 0 & 51 & 100 & 17{,}2 \end{array}\right)$$

$$\left(\begin{array}{ccc|c} 1 & 1 & -1 & 0 \\ 0 & 51 & 100 & 17{,}2 \\ 51 & 0 & 100 & 17{,}2 \end{array}\right) \begin{array}{l} *51 \\ - \end{array}$$

$$\left(\begin{array}{ccc|c} 1 & 1 & -1 & 0 \\ 0 & 51 & 100 & 17{,}2 \\ 0 & 51 & -151 & -17{,}2 \end{array}\right) -$$

$$\left(\begin{array}{ccc|c} 1 & 1 & -1 & 0 \\ 0 & 51 & 100 & 17{,}2 \\ 0 & 0 & 251 & 34{,}4 \end{array}\right) \begin{array}{l} *251 \\ *251 \\ *100 \end{array} \begin{array}{l} *251 \\ + \end{array}$$

$$\left(\begin{array}{ccc|c} 251 & 251 & 0 & 34{,}4 \\ 0 & 12801 & 0 & 877{,}2 \\ 0 & 0 & 251 & 34{,}4 \end{array}\right) \begin{array}{l} *51 \\ - \end{array}$$

$$\left(\begin{array}{ccc|c} 12801 & 0 & 0 & 877{,}2 \\ 0 & 12801 & 0 & 877{,}2 \\ 0 & 0 & 251 & 34{,}4 \end{array}\right)$$

$$\left(\begin{array}{ccc|c} 1 & 0 & 0 & 0{,}0685 \\ 0 & 1 & 0 & 0{,}0685 \\ 0 & 0 & 1 & 0{,}1371 \end{array}\right)$$

$\underline{I_1 = \ \underline{68{,}5\ mA}}$

$\underline{I_2 = \ \underline{68{,}5\ mA}}$

$\underline{I_3 = 137{,}1\ mA}$

<u>Messwerte:</u> $\quad I_1 = \ 65\ mA$

$\qquad\qquad\qquad I_2 = \ 65\ mA$

$\qquad\qquad\qquad I_3 = 130\ mA$

2.Beispiel

geg.: $R_1 =$ 2 kΩ = 2000 Ω $\qquad$ $U_{B1} =$ 17,2 V $\qquad\qquad$ **ges.:** I_1, I_2, I_3

$\quad$ $R_2 =$ 2 kΩ = 2000 Ω $\qquad$ $U_{B2} =$ 17,2 V

$\quad$ $R_3 =$ 5,1 kΩ = 5100 Ω

Lsg.:

Knotenpunktgleichung: K_1: $I_1 + I_2 = I_3$; $I_1 + I_2 - I_3 = 0$

Maschengleichungen: M_1: $U_{B1} = U_1 + U_3$; $U_{B1} = R_1 * I_1 + R_3 * I_3$

$\qquad\qquad\qquad$ M_2: $U_{B2} = U_2 + U_3$; $U_{B2} = R_2 * I_2 + R_3 * I_3$

$$\begin{pmatrix} 1 & 1 & -1 \\ R_1 & 0 & R_3 \\ 0 & R_2 & R_3 \end{pmatrix} * \begin{pmatrix} I_1 \\ I_2 \\ I_3 \end{pmatrix} = \begin{pmatrix} 0 \\ U_{B1} \\ U_{B2} \end{pmatrix}$$

$$\begin{pmatrix} 1 & 1 & -1 \\ 2000 & 0 & 5100 \\ 0 & 2000 & 5100 \end{pmatrix} * \begin{pmatrix} I_1 \\ I_2 \\ I_3 \end{pmatrix} = \begin{pmatrix} 0 \\ 17,2 \\ 17,2 \end{pmatrix}$$

$$\det = \begin{vmatrix} 1 & 1 & -1 \\ 2000 & 0 & 5100 \\ 0 & 2000 & 5100 \end{vmatrix} \begin{matrix} 1 & 1 \\ 2000 & 0 \\ 0 & 2000 \end{matrix}$$

$\underline{\det} = 0 + 0 - 4*10^6 - 0 - 10,2*10^6 - 10,2*10^6 = \underline{-24,4*10^6}$

$$D_1 = \begin{vmatrix} 0 & 1 & -1 \\ 17,2 & 0 & 5100 \\ 17,2 & 2000 & 5100 \end{vmatrix} \begin{matrix} 0 & 1 \\ 17,2 & 0 \\ 17,2 & 5100 \end{matrix}$$

$\underline{D_1} = 0 + 87720 - 34400 + 0 - 0 - 87720 = \underline{-34400}$

$I_1 = D_1 / \det$

$I_1 = -34400 / -24,4*10^6$

$I_1 = 1,41*10^{-3}$

$\underline{I_1 = 1,41 \text{ mA}}$

$$D_2 = \begin{vmatrix} 1 & 0 & -1 \\ 2000 & 17,2 & 5100 \\ 0 & 17,2 & 5100 \end{vmatrix} \begin{matrix} 1 & 0 \\ 2000 & 17,2 \\ 0 & 17,2 \end{matrix}$$

$\underline{D_2} = 87720 + 0 - 34400 - 0 - 87720 - 0 = \underline{-34400}$

$I_2 = D_2 / \det$

$I_2 = -34400 / -24,4*10^6$

$I_2 = 1,41*10^{-3}$

$\underline{I_2 = 1,41 \text{ mA}}$

$$D_3 = \begin{vmatrix} 1 & 1 & 0 \\ 2000 & 0 & 17,2 \\ 0 & 2000 & 17,2 \end{vmatrix} \begin{matrix} 1 & 1 \\ 2000 & 0 \\ 0 & 2000 \end{matrix}$$

$\underline{D_3} = 0 + 0 + 0 - 0 - 34400 - 34400 = \underline{-68800}$

$I_3 = D_3 / \det$

$I_3 = -68800 / -24,4*10^6$

$I_3 = 2,82*10^{-3}$

$\underline{I_3 = 2,82 \text{ mA}}$

$\underline{\text{Messwerte:}}$ $\qquad$ $I_1 = 0,85$ mA

$\qquad\qquad\qquad\quad$ $I_2 = 0,85$ mA

$\qquad\qquad\qquad\quad$ $I_3 = 1,70$ mA

3.Beispiel

geg.: $R_1 = 100\ \Omega$ $\qquad$ $U_{B1} = 17{,}2\ V$ $\qquad\qquad$ **ges.:** I_1, I_2, I_3

$\qquad$ $R_2 = 51\ \Omega$ $\qquad$ $U_{B2} = 17{,}2\ V$

$\qquad$ $R_3 = 51\ \Omega$

Lsg.:

Knotenpunktgleichung: K_1: $I_1 + I_2 = I_3$; $I_1 + I_2 - I_3 = 0$

Maschengleichungen: M1: $U_{B1} = U_1 + U_3$; $U_{B1} = R_1 * I_1 + R_3 * I_3$

$\qquad\qquad\qquad$ M2: $U_{B2} = U_2 + U_3$; $U_{B2} = R_2 * I_2 + R_3 * I_3$

$$\begin{pmatrix} 1 & 1 & -1 \\ R_1 & 0 & R_3 \\ 0 & R_2 & R_3 \end{pmatrix} * \begin{pmatrix} I_1 \\ I_2 \\ I_3 \end{pmatrix} = \begin{pmatrix} 0 \\ U_{B1} \\ U_{B2} \end{pmatrix}$$

$$\begin{pmatrix} 1 & 1 & -1 \\ 100 & 0 & 51 \\ 0 & 51 & 51 \end{pmatrix} * \begin{pmatrix} I_1 \\ I_2 \\ I_3 \end{pmatrix} = \begin{pmatrix} 0 \\ 17{,}2 \\ 17{,}2 \end{pmatrix}$$

$$\left(\begin{array}{ccc|c} 1 & 1 & -1 & 0 \\ 100 & 0 & 51 & 17{,}2 \\ 0 & 51 & 51 & 17{,}2 \end{array}\right)$$

$$\left(\begin{array}{ccc|c} 1 & 1 & -1 & 0 \\ 0 & 51 & 51 & 17{,}2 \\ 100 & 0 & 51 & 17{,}2 \end{array}\right) \begin{array}{l} *100 \\ - \end{array}$$

$$\left(\begin{array}{ccc|c} 1 & 1 & -1 & 0 \\ 0 & 51 & 51 & 17{,}2 \\ 0 & 100 & -151 & -17{,}2 \end{array}\right) \begin{array}{l} *100 \\ *51 \end{array}$$

$$\left(\begin{array}{ccc|c} 1 & 1 & -1 & 0 \\ 0 & 51 & 51 & 17{,}2 \\ 0 & 0 & 12801 & 2597{,}2 \end{array}\right) \begin{array}{l} *12801 \\ *251\ + \end{array}$$

$$\left(\begin{array}{ccc|c} 12801 & 12801 & 0 & 2597{,}2 \\ 0 & 12801 & 0 & 1720 \\ 0 & 0 & 12801 & 2597{,}2 \end{array}\right) -$$

$$\left(\begin{array}{ccc|c} 12801 & 0 & 0 & 877{,}2 \\ 0 & 12801 & 0 & 1720 \\ 0 & 0 & 12801 & 2597{,}2 \end{array}\right)$$

$$\left(\begin{array}{ccc|c} 1 & 0 & 0 & 0{,}0685 \\ 0 & 1 & 0 & 0{,}1344 \\ 0 & 0 & 1 & 0{,}2029 \end{array}\right)$$

$\underline{I_1 = \ \ 68{,}5\ mA}$

$\underline{I_2 = 134{,}4\ mA}$

$\underline{I_3 = 202{,}9\ mA}$

$\underline{\text{Messwerte:}}$ $\quad I_1 = \ \ 68\ mA$

$\qquad\qquad\qquad I_2 = 120\ mA$

$\qquad\qquad\qquad I_3 = 188\ mA$

4.Beispiel

geg.: $R_1 = 51\ \Omega$ $U_{B1} = 10,8\ V$ **ges.:** I_1, I_2, I_3

     $R_2 = 51\ \Omega$ $U_{B2} = 10,8\ V$

     $R_3 = 100\ \Omega$

Lsg.:

Knotenpunktgleichung: K_1: $I_1 + I_2 = I_3$; $I_1 + I_2 - I_3 = 0$

Maschengleichungen: M_1: $U_{B1} = U_1 + U_3$; $U_{B1} = R_1 * I_1 + R_3 * I_3$

               M_2: $U_{B2} = U_2 + U_3$; $U_{B2} = R_2 * I_2 + R_3 * I_3$

$$\begin{pmatrix} 1 & 1 & -1 \\ R_1 & 0 & R_3 \\ 0 & R_2 & R_3 \end{pmatrix} * \begin{pmatrix} I_1 \\ I_2 \\ I_3 \end{pmatrix} = \begin{pmatrix} 0 \\ U_{B1} \\ U_{B2} \end{pmatrix}$$

$$\begin{pmatrix} 1 & 1 & -1 \\ 51 & 0 & 100 \\ 0 & 51 & 100 \end{pmatrix} * \begin{pmatrix} I_1 \\ I_2 \\ I_3 \end{pmatrix} = \begin{pmatrix} 0 \\ 10,8 \\ 10,8 \end{pmatrix}$$

$$det = \begin{vmatrix} 1 & 1 & -1 \\ 51 & 0 & 100 \\ 0 & 51 & 100 \end{vmatrix} \begin{matrix} 1 & 1 \\ 51 & 0 \\ 0 & 51 \end{matrix}$$

$\underline{det} = 0 + 0 - 2601 - 0 - 5100 - 5100 = \underline{-12801}$

$$D_1 = \begin{vmatrix} 0 & 1 & -1 \\ 10,8 & 0 & 100 \\ 10,8 & 51 & 100 \end{vmatrix} \begin{matrix} 0 & 1 \\ 10,8 & 0 \\ 10,8 & 51 \end{matrix}$$

$\underline{D_1} = 0 + 1080 - 550,8 - 0 - 0 - 1080 = \underline{-550,8}$

$I_1 = D_1\ /\ det$
$I_1 = -550,8\ /\ -12801$
$I_1 = 0,0430$
$\underline{I_1 = 43,0\ mA}$

$$D_2 = \begin{vmatrix} 1 & 0 & -1 \\ 51 & 10,8 & 100 \\ 0 & 10,8 & 100 \end{vmatrix} \begin{matrix} 1 & 0 \\ 51 & 10,8 \\ 0 & 10,8 \end{matrix}$$

$\underline{D_2} = 1080 + 0 - 550,8 - 0 - 1080 - 0 = \underline{-550,8}$

$I_2 = D_2\ /\ det$
$I_2 = -550,8\ /\ -12801$
$I_2 = 0,0430$
$\underline{I_2 = 43,0\ mA}$

$$D_3 = \begin{vmatrix} 1 & 1 & 0 \\ 51 & 0 & 10,8 \\ 0 & 51 & 10,8 \end{vmatrix} \begin{matrix} 1 & 1 \\ 51 & 0 \\ 0 & 51 \end{matrix}$$

$\underline{D_3} = 0 + 0 + 0 - 0 - 550,8 - 550,8 = \underline{-1101,6}$

$I_3 = D_3\ /\ det$
$I_3 = -1101,6\ /\ -12801$
$I_3 = 0,0861$
$\underline{I_3 = 86,1\ mA}$

<u>Messwerte:</u> $I_1 = 40\ mA$

                      $I_2 = 40\ mA$

                      $I_3 = 80\ mA$

5.Beispiel

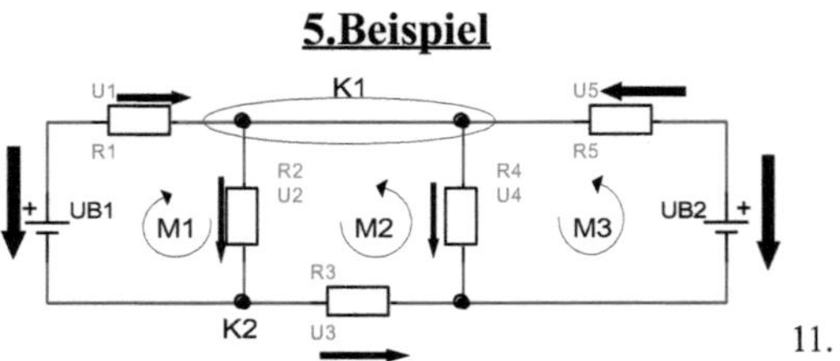

11.

Herleitung der Gleichungen: Bei diesem Beispiel haben wir fünf gesuchte Stromstärken. Es ergeben sich zwei unabhängige Knotenpunktgleichungen. Bei K_1 werden die oberen beiden Knoten zu einem zusammengefasst, da sich dazwischen kein Widerstand befindet. Dann wird wieder die erste kirchhoffsche Regel bei K_1 und K_2 angewandt. Diesmal sind es drei unabhängige Maschgleichungen. Diese werden gebildet unter Einbezug der Richtungspfeile.

Messwerte: I_1=300 mA	**Berechnungen:** I_1=109,4 mA
I_2=220 mA	I_2=130,6 mA
I_3= 24 mA	I_3= 21,2 mA
I_4=205 mA	I_4= 77,4 mA
I_5=250 mA	I_5= 98,6 mA

Im Anhang (Seite 26) befinden sich noch Bilder zum Experiment und die Rechnung zum 5.Beispiel.

Auswertung

Nun betrachte ich die einzelnen Beispiele miteinander. Aus dem Beispiel eins und zwei erkennt man, dass wenn R_1 und R_2 gleich sind , dann auch I_1 und I_2 gleich sind. Der größte Widerstand ist R_3 und somit ist I_3 auch die größte Stromstärke. Außerdem wird die Stromstärke insgesamt kleiner, wenn man die Werte der Widerstände vergrößert. Im Beispiel drei werden im Vergleich zum ersten Versuchsaufbau nur die Werte vom ersten und dritten Widerstand getauscht. Dadurch verändert sich I_1 nicht, trotz Vergrößerung von R_1. Außerdem wird I_2 fast doppelt so groß und I_3 ein wenig größer, obwohl R_2 nicht verändert und R_3 kleiner wird. Also ist die Anordnung der Widerstände für die Werte der Stromstärke von Bedeutung. Der Versuchsaufbau und die Werte sind im Beispiel vier identisch mit dem vom ersten, nur die Spannung von U_{B1} und U_{B2} wird ein wenig kleiner. Somit wird die Stromstärke der einzelnen Widerstände kleiner. Im fünften Beispiel wird die Anzahl der Widerstände erhöht. Die Stromstärke hat sich dadurch sehr unterschiedlich verändert, aber nicht stark vergrößert. Nur die Unterschiede zwischen den einzelnen Stromstärken sind diesmal wesentlich größer. Damit sorgt die Veränderung der Anzahl von Widerständen nicht zu einer generellen Vergrößerung oder Verkleinerung der Stromstärke. Die Messungen weichen in den ersten vier Beispielen nur wenig und im letzten Beispiel etwas mehr von den berechneten Werten ab.

5. Das Fazit

Die Anwendung von Matrizen bei der Netzwerkanalyse ist von großer Bedeutung. Die Matrizenrechnung erleichtert es die Stromstärke zu berechnen. Matrizen können dabei sehr gut für das Lösen der Gleichungssysteme eingesetzt werden. Dabei spielt die Verwendung der Einheitsmatrix oder der Determinante eine wesentliche Rolle. Beide Verfahren sind sehr gut für die Berechnungen der Zielgrößen geeignet. Die Rechnungen mittels Determinante ist besser geeignet für die Gleichungssysteme mit drei Gleichungen und drei Variablen. Wenn es mehr Gleichungen und Variablen werden, ist es besser mit der Einheitsmatrix zu rechnen.

Bei den Abweichungen zwischen den Messwerten und den berechneten Werten muss man die systematischen und zufälligen Fehler mit einbeziehen. Ich denke eine der Hauptfehlerquellen waren das ungenaue Messgerät und die Schaltelemente. Hierbei muss man die Ungenauigkeit und den Toleranzbereich der Geräte beachten. Natürlich können auch zufällige Fehler aufgetreten sein, welche durch falsches Ablesen, verkehrter Versuchsaufbau oder durch Umwelteinflüsse zustande kamen. Außerdem ist zu erkennen, dass die Abweichungen bei einem größerem Netzwerk mit mehr Schaltelementen zunehmen.

In dem Experiment wird deutlich, dass die Netzwerkanalyse ohne die kirchhoffschen Regeln gar nicht möglich ist. Erst durch diese Regeln wird die Beziehung von Spannung, Stromstärke und Widerstand in einem Netzwerk deutlich. Damit eng in Verbindung steht auch das ohmsche Gesetzt, welches unter anderem Bedeutung für die kirchhoffschen Regeln hat. Durch die Ergebnisse des Experiments wird deutlich, dass eine indirekte Proportionalität zwischen Widerstand und Stromstärke vorliegt. Wenn der Widerstand erhöht wird, so verkleinert sich die Stromstärke. Des Weiteren ist eine direkte Proportionalität zwischen der Spannung und der Stromstärke erkennbar. Wenn die Spannung kleiner wird, so verkleinert sich die Stromstärke. Somit lässt sich eine Formel für die elektrische Stromstärke herleiten: **$I=U/R$** . Von dieser Formel lässt sich das ohmsche Gesetz ableiten, dass da lautet: **$R=U/I$** . Außerdem nimmt die Versuchsanordnung der Schaltelemente in einem Netzwerk auch einen gewissen Einfluss auf die elektrische Stromstärke.

Ich denke mit Matrizen können leichter und schneller Gleichungssysteme berechnet werden. Für die Netzwerkanalyse in der Elektrotechnik sind sie von wesentlicher Bedeutung. Mit ihnen können dort sehr gut Berechnungen gemacht werden, um bestimmte Zielgrößen zu ermitteln und damit dann die Eigenschaften eines Netzwerk zu analysieren.

7. Der Anhang

Bilder zu dem Experiment

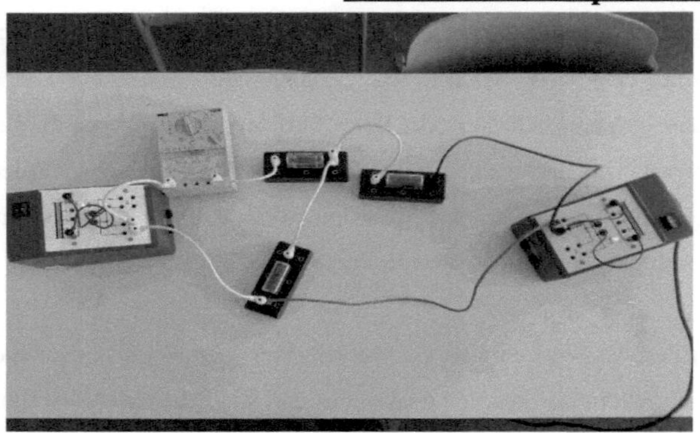

Versuchsaufbau zum 1.Beispiel: Messung von I_1

Versuchsaufbau zum 2.Beispiel: Verbindung von R_1 und R_2

Versuchsaufbau zum 3.Beispiel: Messung von I_2

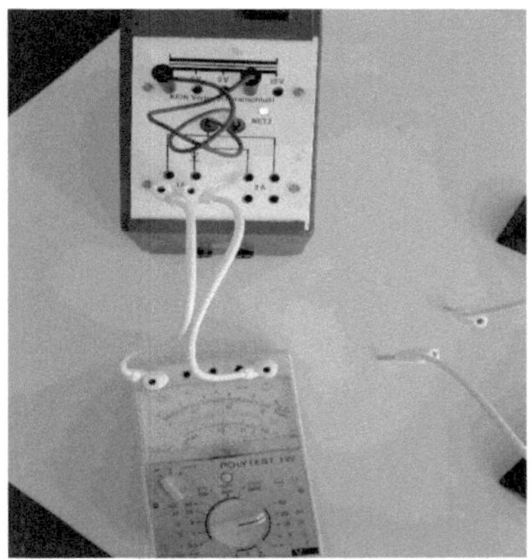

Versuchsaufbau zum 4.Beispiel: Messung von U_{B1}

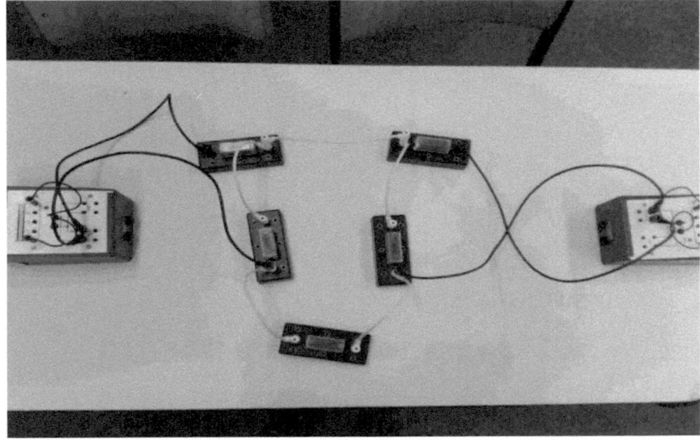

Versuchsaufbau zum 5.Beispiel

Berechnung zum 5.Beispiel

geg.: $R_1 = 100\ \Omega$ $U_{B1} = 17{,}6\ V$ **ges.:** $I_1,\ I_2,\ I_3,\ I_4,\ I_5$

     $R_2 = 51\ \Omega$ $U_{B2} = 17{,}6\ V$

     $R_3 = 51\ \Omega$

     $R_4 = 100\ \Omega$

     $R_5 = 100\ \Omega$

Lsg.:

Knotenpunktgleichung: $K_1:\ I_1 - I_2 - I_4 + I_5 = 0$

                            $K_2:\ -I_1 + I_2 - I_3 = 0$

Maschengleichungen: $M_1:\ U_{B1} = U_1 + U_2 = R_1 * I_1 + R_2 * I_2$

                    $M_2:\ 0 = U_2 + U_3 - U_4 = R_2 * I_2 + R_3 * I_3 - R_4 * I_4$

                    $M_3:\ U_{B2} = U_4 + U_5 = R_4 * I_4 + R_5 * I_5$

$$
\begin{pmatrix}
1 & -1 & 0 & -1 & 1\\
-1 & 1 & -1 & 0 & 0\\
R_1 & R_2 & 0 & 0 & 0\\
0 & R_2 & R_3 & -R_4 & 0\\
0 & 0 & 0 & R_4 & R_5
\end{pmatrix}
*
\begin{pmatrix}
I_1\\ I_2\\ I_3\\ I_4\\ I_5
\end{pmatrix}
=
\begin{pmatrix}
0\\ 0\\ U_{B1}\\ 0\\ U_{B2}
\end{pmatrix}
$$

$$
\left(
\begin{array}{ccccc|c}
1 & -1 & 0 & -1 & 1 & 0\\
-1 & 1 & -1 & 0 & 0 & 0\\
100 & 51 & 0 & 0 & 0 & 17{,}6\\
0 & 51 & 51 & -100 & 0 & 0\\
0 & 0 & 0 & 100 & 100 & 17{,}6
\end{array}
\right)
\quad
\begin{matrix} + \\ - \end{matrix}
\quad *100
$$

$$
\left(
\begin{array}{ccccc|c}
1 & -1 & 0 & -1 & 1 & 0\\
0 & 0 & -1 & -1 & 1 & 0\\
0 & -151 & 0 & -100 & 100 & -17{,}6\\
0 & 51 & 51 & -100 & 0 & 0\\
0 & 0 & 0 & 100 & 100 & 17{,}6
\end{array}
\right)
$$

$$
\left(
\begin{array}{ccccc|c}
1 & -1 & 0 & -1 & 1 & 0\\
0 & -151 & 0 & -100 & 100 & -17{,}6\\
0 & 0 & -1 & -1 & 1 & 0\\
0 & 51 & 51 & -100 & 0 & 0\\
0 & 0 & 0 & 100 & 100 & 17{,}6
\end{array}
\right)
\quad
\begin{matrix} *151 \\ - \\ *51 \\ + \\ *151 \end{matrix}
$$

$$
\left(
\begin{array}{ccccc|c}
151 & 0 & 0 & -51 & 51 & 17{,}6\\
0 & -151 & 0 & -100 & 100 & -17{,}6\\
0 & 0 & -1 & -1 & 1 & 0\\
0 & 0 & 7701 & -20200 & 5100 & -897{,}6\\
0 & 0 & 0 & 100 & 100 & 17{,}6
\end{array}
\right)
\quad
\begin{matrix} *100 \\ *7701 \quad *100 \quad + \quad + \\ + \quad\quad + \\ *51 \end{matrix}
$$

$$\begin{pmatrix} 15100 & 0 & 0 & 0 & 10200 & 2657,6 \\ 0 & -151 & 0 & 0 & 200 & 0 \\ 0 & 0 & -100 & 0 & 200 & 17,6 \\ 0 & 0 & 0 & -27901 & 12801 & -897,6 \\ 0 & 0 & 0 & 100 & 100 & 17,6 \end{pmatrix} \begin{matrix} \\ \\ \\ *100 \\ + \\ *27901 \end{matrix}$$

$$\begin{pmatrix} 15100 & 0 & 0 & 0 & 10200 & 2657,6 \\ 0 & -151 & 0 & 0 & 200 & 0 \\ 0 & 0 & -100 & 0 & 200 & 17,6 \\ 0 & 0 & 0 & -27901 & 12801 & -897,6 \\ 0 & 0 & 0 & 0 & 4070200 & 401297,6 \end{pmatrix} \begin{matrix} *4070200 \\ \\ - \\ \\ *10200 \end{matrix} \begin{matrix} \\ *20351 \\ \\ - \\ \end{matrix} \begin{matrix} \\ \\ *20351 \\ - \\ \end{matrix} \begin{matrix} \\ \\ \\ *4070200 \\ - \\ *12801 \end{matrix}$$

$$\begin{pmatrix} 6{,}146002*10^{10} & 0 & 0 & 0 & 0 & 6723728000 \\ 0 & -3073001 & 0 & 0 & 0 & -401297,6 \\ 0 & 0 & -2035100 & 0 & 0 & -43120 \\ 0 & 0 & 0 & -1{,}135626502*10^{11} & 0 & -8790422098 \\ 0 & 0 & 0 & 0 & 4070200 & 401297,6 \end{pmatrix}$$

$$\begin{pmatrix} 1 & 0 & 0 & 0 & 0 & 0,1094 \\ 0 & 1 & 0 & 0 & 0 & 0,1306 \\ 0 & 0 & 1 & 0 & 0 & 0,0212 \\ 0 & 0 & 0 & 1 & 0 & 0,0774 \\ 0 & 0 & 0 & 0 & 1 & 0,0986 \end{pmatrix}$$

$\underline{I_1 = 109,4}$

$\underline{I_2 = 130,6}$

$\underline{I_3 = 21,2}$

$\underline{I_4 = 77,4}$

$\underline{I_5 = 98,6}$

8. Das Quellen-und Literaturverzeichnis

<u>Internetquellen:</u>

- http://www.ate.uni-due.de/data/get12/GET2_5_Netzwerkanalyse_HO.pdf
- http://www.elektrotechnik-fachwissen.de/
- http://www.fvss.de/assets/media/jahresarbeiten/mathe/Matrizen.pdf
- https://de.wikipedia.org/wiki/Elektrotechnik
- https://de.wikipedia.org/wiki/Netzwerkanalyse_(Elektrotechnik)#.C3.9
- https://de.wikipedia.org/wiki/Netzwerkanalyse_(Elektrotechnik)#.C3.9Cberlagerungsverfahren_nach_Helmholtz
- https://www.eit.uni-kl.de/fileadmin/eit/Baier/teaching/glet1/script/Kap5e.pdf
- https://www.eit.uni-kl.de/fileadmin/eit/Baier/teaching/glet1/script/Kap5e.pdf
- https://www.lernhelfer.de/schuelerlexikon/physik/artikel/gustav-robert-kirchhoff

<u>Videos:</u>

- https://www.youtube.com/watch?v=CE1tEhpPJd0
- https://www.youtube.com/watch?v=Me08mn3vVU0

<u>Bilder:</u>

- Bild 1: http://www.mathematik.net/gruppen/gr1sa.htm (24.08.2016)
- Bild 2: konstruiert mit dem Programm TinyCad
- Bild 3: https://www.lernhelfer.de/schuelerlexikon/physik/artikel/gustav-robert-kirchhoff (02.09.2016) [Abbildung für die Veröffentlichung entfernt]
- Bild 4: konstruiert mit dem Programm TinyCad
- Bild 5: konstruiert mit dem Programm TinyCad
- Bild 6: konstruiert mit dem Programm TinyCad
- Bild 7: konstruiert mit dem Programm TinyCad
- Bild 8: konstruiert mit dem Programm TinyCad
- Bild 9: konstruiert mit dem Programm TinyCad
- Bild 10: konstruiert mit dem Programm TinyCad
- Bild 11: konstruiert mit dem Programm TinyCad

<u>Bücher:</u>

- Cornelsen (2015) Mathematik 2, Gymnasiale Oberstufe Brandenburg, Seite 19 Nummer 2c
- Cornelsen (2015) Mathematik 2, Gymnasiale Oberstufe Brandenburg, Seite 19 Nummer 2d

BEI GRIN MACHT SICH IHR WISSEN BEZAHLT

- Wir veröffentlichen Ihre Hausarbeit, Bachelor- und Masterarbeit

- Ihr eigenes eBook und Buch - weltweit in allen wichtigen Shops

- Verdienen Sie an jedem Verkauf

Jetzt bei www.GRIN.com hochladen und kostenlos publizieren